識安全有禮貌 叢書

我會搭巴士

修訂版

新雅文化事業有限公司
www.sunya.com.hk

為什麼巴士有不同的路線呢？為什麼乘客知道哪裏可乘搭巴士呢？為什麼巴士上層不設企位呢？為什麼車長知道乘客何時下車呢？小朋友，你想知道這些嗎？快來參與這次「巴士小旅程」，學做一個守規矩、有禮貌、懂安全的交通大使！

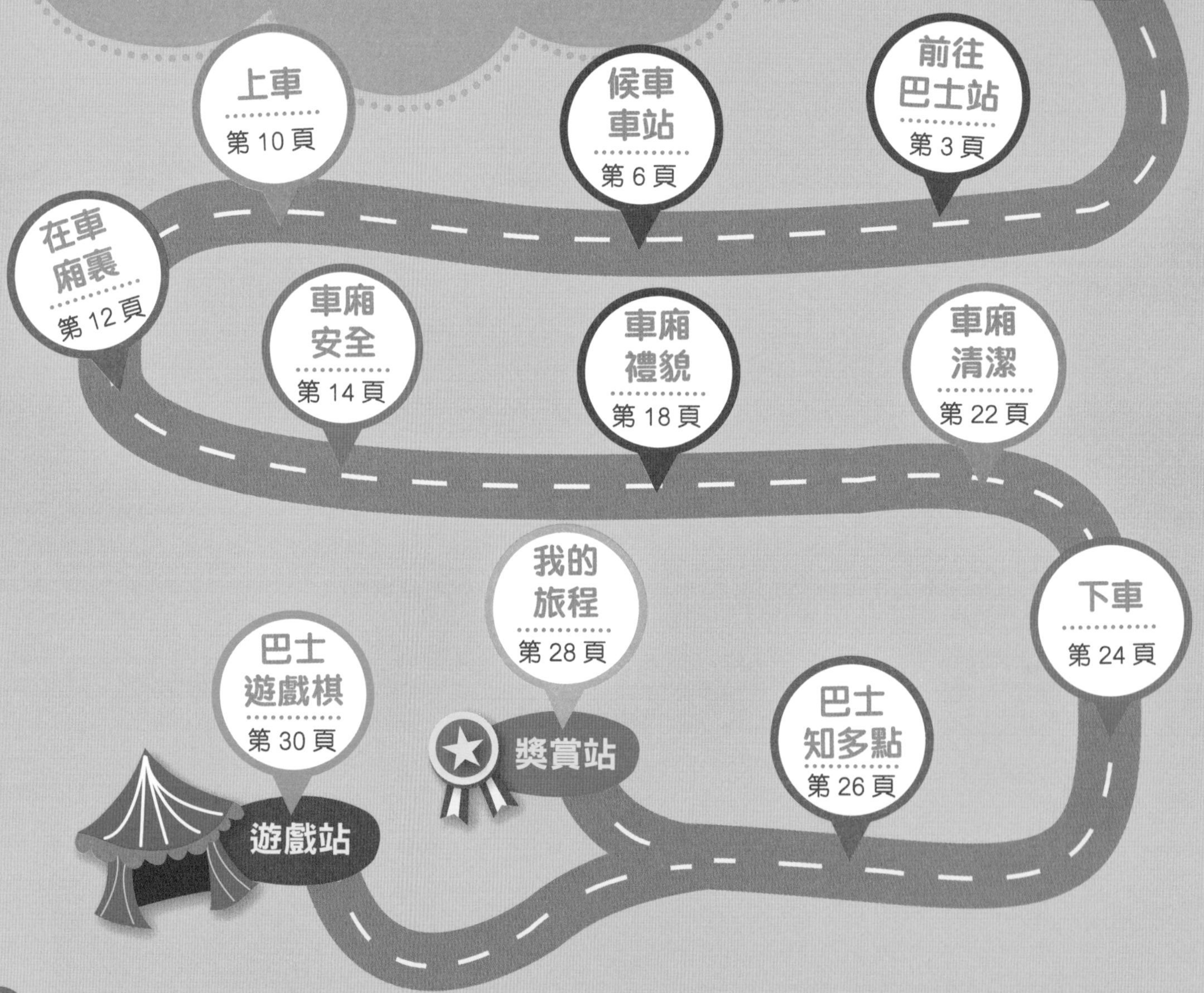
前往巴士站
第 3 頁
候車車站
第 6 頁
上車
第 10 頁
在車廂裏
第 12 頁
車廂安全
第 14 頁
車廂禮貌
第 18 頁
車廂清潔
第 22 頁
下車
第 24 頁
巴士知多點
第 26 頁
我的旅程
第 28 頁
獎賞站
巴士遊戲棋
第 30 頁
遊戲站

·前往巴士站·

馬路上人多車多，行人必須時刻留意交通安全，盡量使用行人過路設施橫過馬路，才能安全前往巴士站乘車。

斑馬線

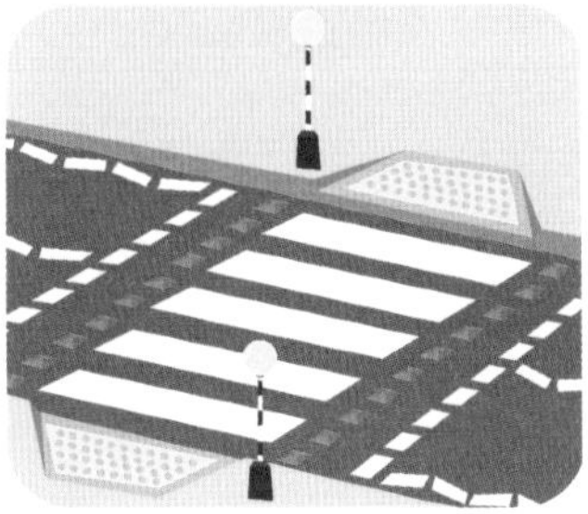

行人燈號過路處

行人天橋

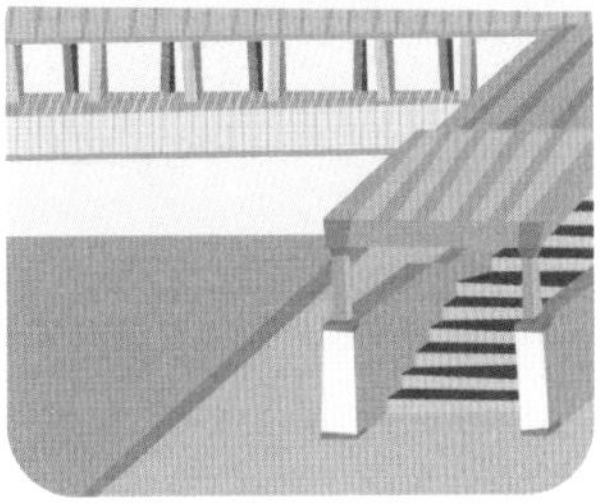

行人隧道

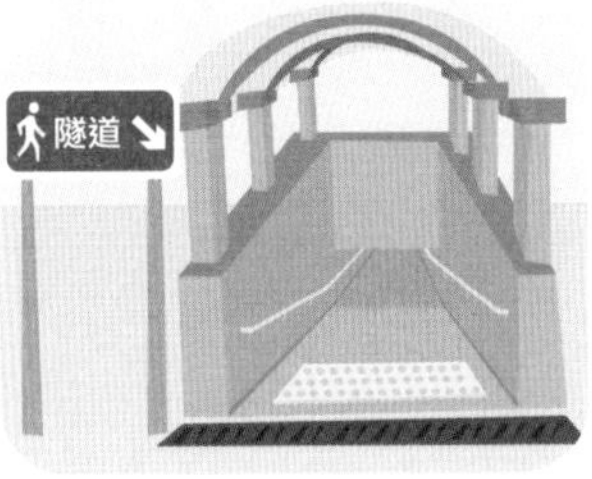
隧道

怎樣使用斑馬線才對呢？一起來看看吧！

兩旁以白色「之」字線顯示斑馬線控制區。
斑馬線兩端設有黃色球燈，提醒司機減速。
在斑馬線踏出第一步前，要先讓馬路上的司機有足夠時間減速及停車。橫過馬路時不要走出斑馬線的界限。
以黑白相間條紋顯示行人過路處，而且兩邊有路釘作為界限。

哪一種顏色的行人燈號亮起時才可以橫過馬路呢？請觀察以下各圖中的行人燈號，判斷行人的行為是否正確，然後從貼紙頁中選出 ◯ 貼紙貼在正確圖畫中的 ◯ 內。

當綠色行人燈號亮起時

當綠色行人燈號閃動時

當紅色行人燈號亮起時

下圖中的女孩想前往巴士站乘搭巴士。請在下圖畫線，引領她使用行人過路設施，帶她安全地從家中前往巴士站。

如沒有適當的行人過路設施時，可依照以下步驟過馬路：

1. 找一個安全的過馬路地點，站定等候。
2. 環顧四周交通情況。
3. 確定附近沒有車輛時，立即橫過馬路，期間繼續留意車輛。

無論使用何種方法過馬路，小朋友都要時刻牽着成人的手。

·候車車站·

乘客來到巴士站，從巴士站牌上的路線編號就知道要在哪裏排隊候車。請看看以下的巴士站平面圖，把乘客連至正確的巴士站牌。

巴士站牌一般設有巴士路線資料盤，上面有詳細的行車路線、車費和班次等資料，方便乘客查閱。

23M 在哪？
13X 在哪？
28 在哪？
23M 在哪？
28 在哪？
13X 在哪？
23M
13X
28

巴士的路線編號藏着一些秘密。以九巴為例，路線編號中的英文字母代表特定的意思，例如：「X」代表特快巴士路線、「M」或「K」代表接駁鐵路的巴士路線、「N」代表通宵巴士路線等。

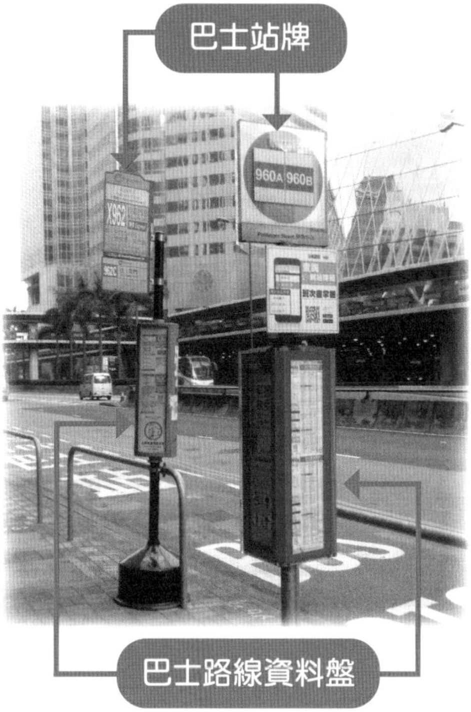
巴士站牌
960A 960B
巴士路線資料盤

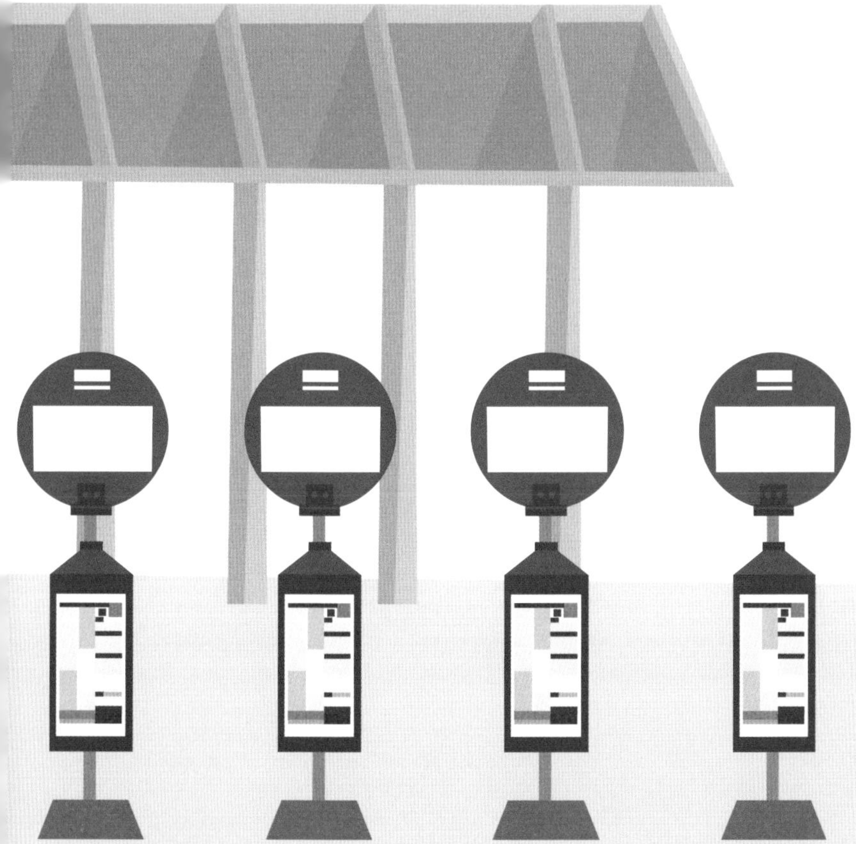

小朋友，你曾經乘搭過哪些巴士路線呢？請把路線編號填在 內。

想一想

家長可與孩子談談為何巴士上不可攜帶大型行李或動物（導盲犬除外）。

一位輪椅使用者來到巴士站，他在輪椅專用的等候位置候車，其他乘客則有秩序地在巴士站牌後面排隊。每位乘客都準備好八達通卡、輔幣或電子支付來支付車費。

兒童及長者的車費是成人車費的一半。小朋友，請回答以下問題，然後沿着虛線畫線，看看自己乘搭巴士時要付多少車費。

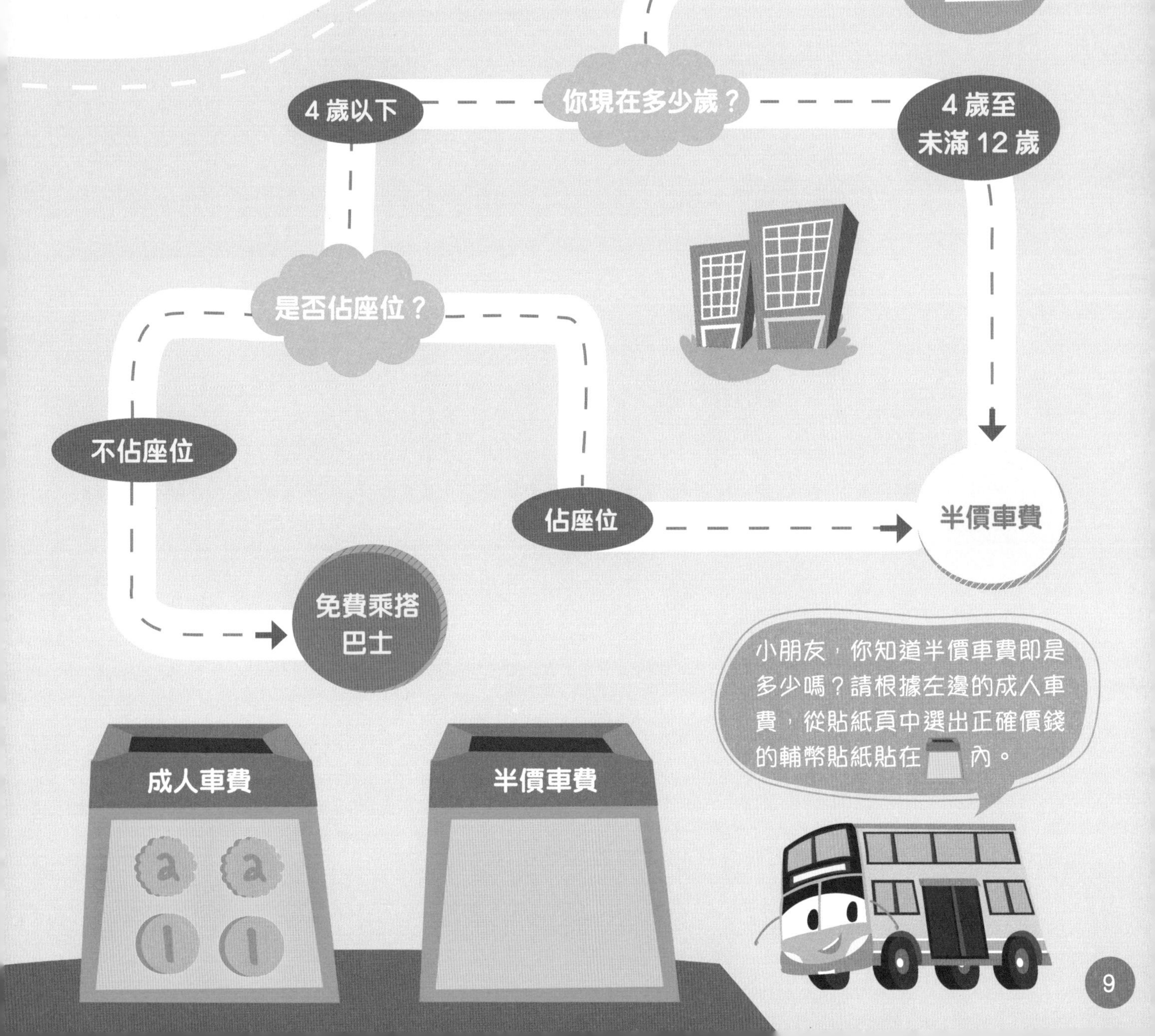
你現在多少歲？
4 歲以下
4 歲至
未滿 12 歲
是否佔座位？
不佔座位
佔座位
半價車費
免費乘搭
巴士
小朋友，你知道半價車費即是多少嗎？請根據左邊的成人車費，從貼紙頁中選出正確價錢的輔幣貼紙貼在 內。
成人車費
半價車費

上車

巴士進站了，巴士車長把輪椅斜板放好，供輪椅使用者上車，其他乘客則在上車閘門前耐心地等候上車。

想一想

家長可與孩子談談為何登上巴士前要先把嬰兒車摺疊好。

上車時，乘客以八達通卡或輔幣來支付車費。請從貼紙頁中選出八達通卡貼紙和輔幣貼紙，分別貼在正確的「拍八達通卡」位置 ☐ 和投入輔幣的位置 ☐。

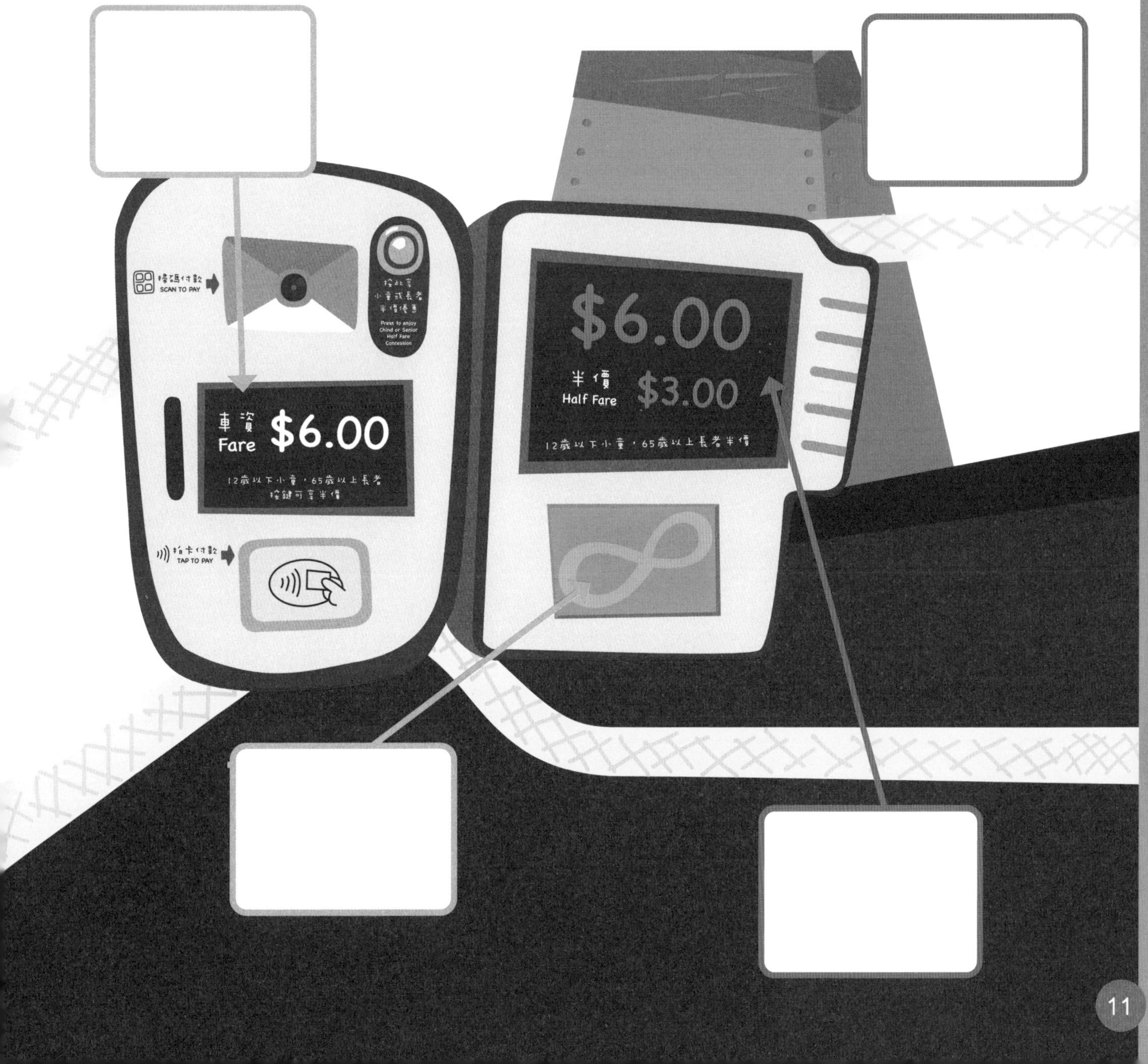

掃碼付款
SCAN TO PAY
按此享
小童或長者
半價優惠
Press to enjoy
Chind or Senior
Half Fare
Concession
車資
Fare
$6.00
12歲以下小童，65歲以上長者
按鍵可享半價
拍卡付款
TAP TO PAY
$6.00
半價
Half Fare
$3.00
12歲以下小童，65歲以上長者半價

·在車廂裏·

乘客上車後都會盡量往車廂中間走，不會停留在上車閘門附近。有些乘客選擇坐在下層，有些乘客則選擇坐在上層。請看看以下車廂內的載客數量資料，然後圈出正確的答案。

UPPER DECK SEATING 樓上座位 59
LOWER DECK SEATING 樓下座位 31
STANDEES 企 位 46

1 巴士上層的座位多，還是巴士下層的座位多？　上層 / 下層

2 巴士的上層還是下層設有企位呢？　上層 / 下層

巴士行車期間難免會搖晃，為了避免乘客受傷，巴士上有些位置是不可站立的。小朋友，你知道巴士上有哪些位置是不可站立的嗎？請從貼紙頁中選出 ⚠ DANGER 貼紙貼在正確的 △ 內。

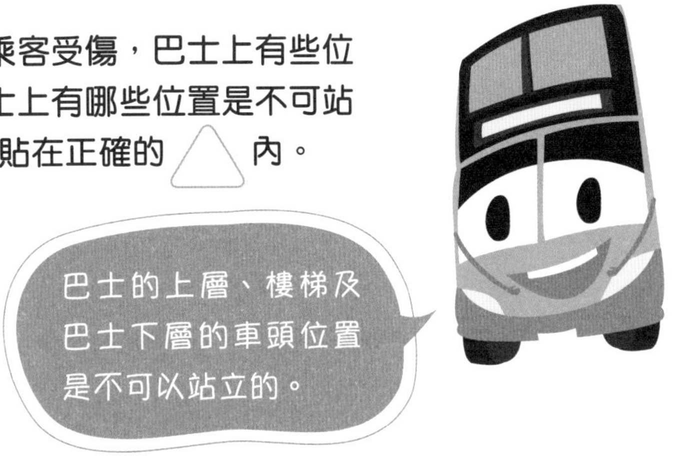
巴士的上層、樓梯及
巴士下層的車頭位置
是不可以站立的。

·車廂安全·

不同的巴士有不同的座位布局，有些巴士的座位更設在地台上。請根據以下提示，把扶手和地台塗上顏色，來提醒乘客要時刻緊握扶手及小心地台。

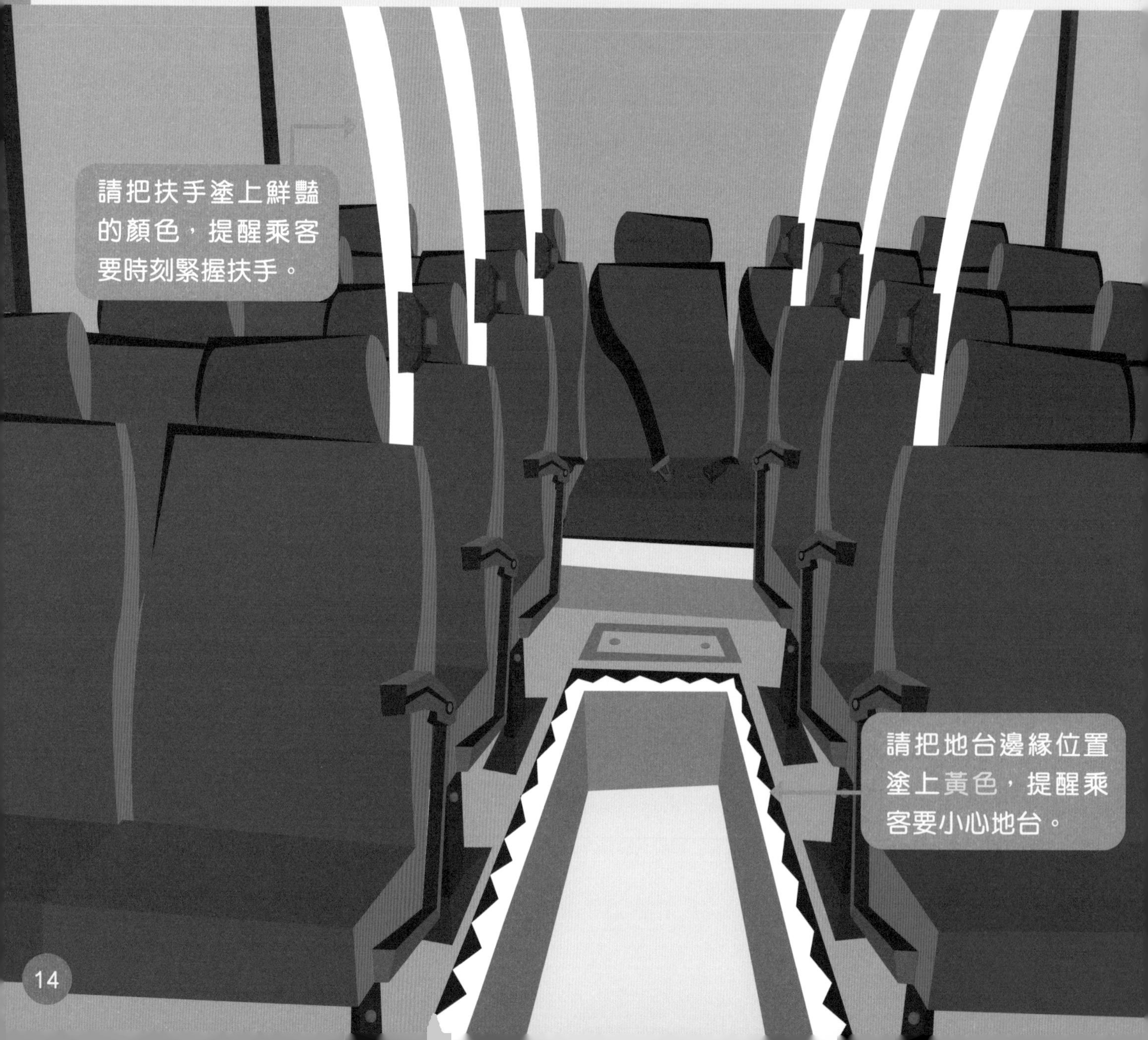

請把扶手塗上鮮豔的顏色，提醒乘客要時刻緊握扶手。
請把地台邊緣位置塗上黃色，提醒乘客要小心地台。

巴士公司會張貼一些海報或標誌來宣傳緊握扶手的信息。你也來設計一張吧！別忘了配上一些簡單易明的標語。

為了讓巴士車長專心駕駛，乘客不應在行車期間與車長談話。此外，車廂內車頭位置的地面設有一條黃線，乘客不應站於黃線外，以免阻礙車長的視線。

乘客如對行車路線有任何疑問，最好於上車前先查看巴士路線資料盤上的資料，避免於行車期間向車長查詢。
不要站於黃線外！

巴士上設置了一些安全或緊急設施。你知道有哪些嗎？請根據以下的文字提示，從貼紙頁中選出相應的設施貼紙貼在正確的位置。

1 部分座位設有安全帶，例如：上層前方的座位、沒有遮擋的座位等，供乘客佩戴。

2 緊急出口只供在緊急情況下使用，不可隨便開啟。

3 敲碎玻璃手錘只供在緊急情況下使用，不可隨便使用或把玩。

請注意安全！

·車廂禮貌·

現在的巴士座椅舒適寬敞，可是以前的座椅卻不是這樣的。一起來看看其中一間巴士公司的座椅演變吧。

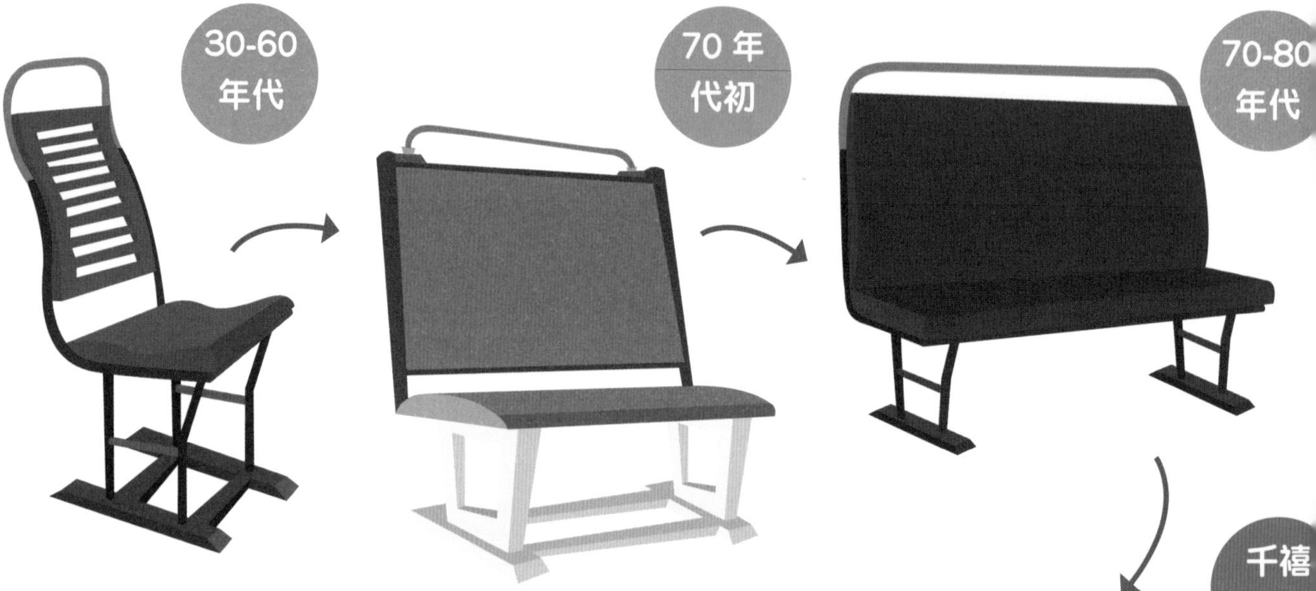
30-60
年代
70 年
代初
70-80
年代

千禧
年代

未來的巴士座椅會變成怎樣呢？請繪畫你心中的巴士座椅。

大多數乘客上車後都安靜地坐在座椅上，可是有些乘客卻做出一些不尊重他人的行為。
請從貼紙頁中選出 貼紙貼在正確的 內，提醒這些乘客要做個有禮貌的人。

不要霸佔座位。

不要踢或推前座的椅背。

不要在車廂內高聲說話或製造噪音。

不要在車廂內吵鬧或嬉戲。

除了一般的座位外，車廂裏還設有關愛座和輪椅停放區域，供有需要的乘客使用。下面的標誌分別代表哪些乘客可優先使用關愛座呢？請把標誌和對應的乘客用線連起來。

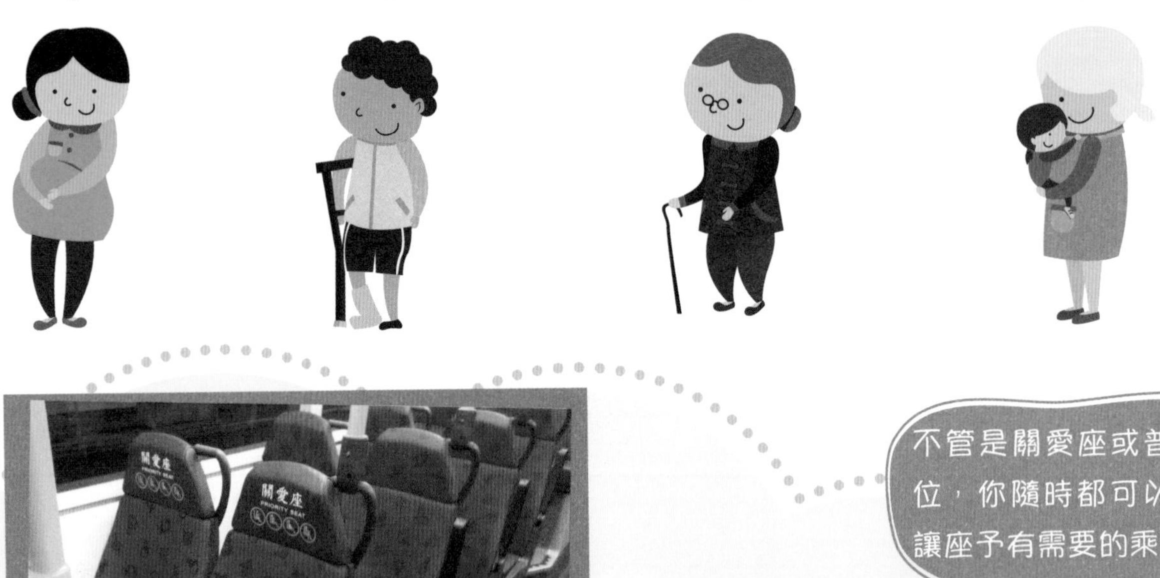

關愛座
關愛座

不管是關愛座或普通座位，你隨時都可以主動讓座予有需要的乘客。

以下哪位乘客可優先使用輪椅停放區域呢？請把該乘客圈出來，並說說為什麼。

輪椅停放區域附設安全
帶，供固定輪椅之用。

·車廂清潔·

以下是一些有關保持車廂清潔的標誌。請從貼紙頁中選出 ⊘ 貼紙貼在標誌上，來提醒乘客不要做出一些影響衛生的行為。

不要在車廂內進食

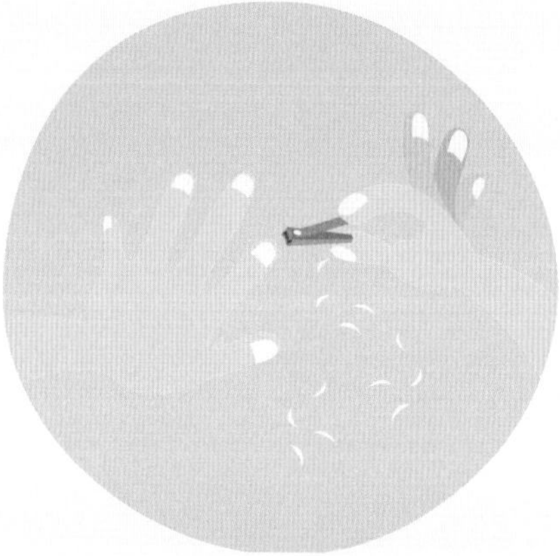

不要在車廂內剪指甲

不要在車廂內丟棄垃圾

別忘了生病時要戴上口罩，
防止細菌傳播！

不要踏在座椅上

不要塗污車廂

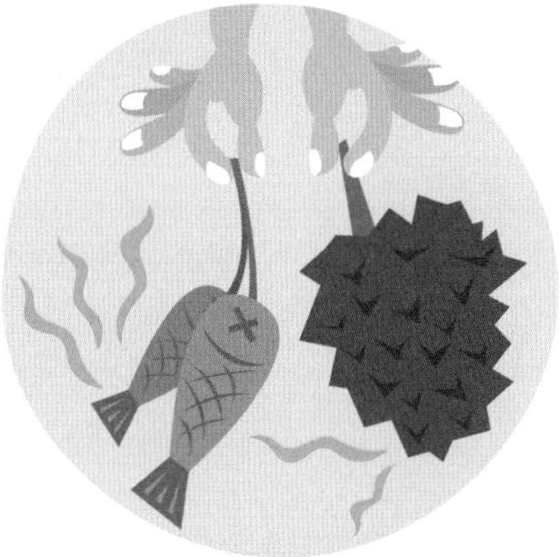

不要攜帶厭惡性物品上車

不要在車廂內吸煙

下車

乘車期間，乘客應留意報站系統顯示的行車位置，於下車前提早按下車按鈕來通知巴士車長將於下一站下車。

報站系統顯示屏
下車顯示燈
牛頭角
下車按鈕

下一站是什麼呢？

待巴士停定後，乘客於下車閘門附近排隊下車。請觀察下圖，然後圈出正確答案。

1 有多少位乘客在這個站下車？ 3位 / 4位

2 巴士下層剩下多少位乘客？ 4位 / 5位

3 巴士上層剩下多少位乘客？ 5位 / 6位

·巴士知多點·

雖然每間巴士公司的巴士都不一樣，有雙層，有單層，而且車身顏色也各有不同；但是這些巴士的車頭、車身及車尾都會顯示路線資料。

請看看以下巴士，然後說一說你是否曾經在街上見過它們。

雙層機場城巴

單層城巴

雙層城巴

雙層機場龍運巴

雙層九巴

雙層龍運巴

單層電動九巴

小朋友，除了乘搭巴士時要守規矩、有禮貌、懂安全外，我們乘搭其他交通工具時也同樣要注意啊！請看看以下的交通工具，然後說說乘搭這些交通工具時有哪些禮儀、清潔和安全的守則要遵守。

小巴

的士

校巴

電車

旅遊巴

想一想

家長可與孩子談談乘搭其他交通工具時要注意的事項，例如：乘搭小巴時先讓車上乘客下車；不可將頭、手或身體任何部分伸出車窗外等。

·我的旅程·

小朋友，你是否已學會做一個守規矩、有禮貌、懂安全的交通大使？你有信心計劃一次旅程嗎？來試試吧！

姓名：

日期 ______年______月______日

同行乘客 ______位

旅程目的
- ☐ 探望親朋
- ☐ 出外進餐
- ☐ 逛街
- ☐ 到公園或遊樂場
- ☐ 其他：______

交通工具
- ☐ 巴士
- ☐ 小巴
- ☐ 電車
- ☐ 的士
- ☐ 其他：______

路線編號或名稱 ______

上車車站 ______

下車車站 ______

車費 HK$______

請繪畫你所乘搭的交通工具。

你在車廂裏有沒有看到有趣的標誌？請繪畫出來。

·巴士遊戲棋·

預備工作

1. 請參看 P.33 預備骰子。
2. 請參看 P.35 預備棋子。
3. 請參看 P.37 預備挑戰卡。
4. 請參看拉頁預備棋盤。

在這個遊戲中，孩子可以：

1. 重溫乘搭巴士的安全守則，加強安全意識。
2. 重溫乘搭巴士的禮儀，培養有禮貌的行為。
3. 從投擲骰子中按點數前進，並學習遵守遊戲規則。
4. 創作巴士路線圖。

人數：2至4人

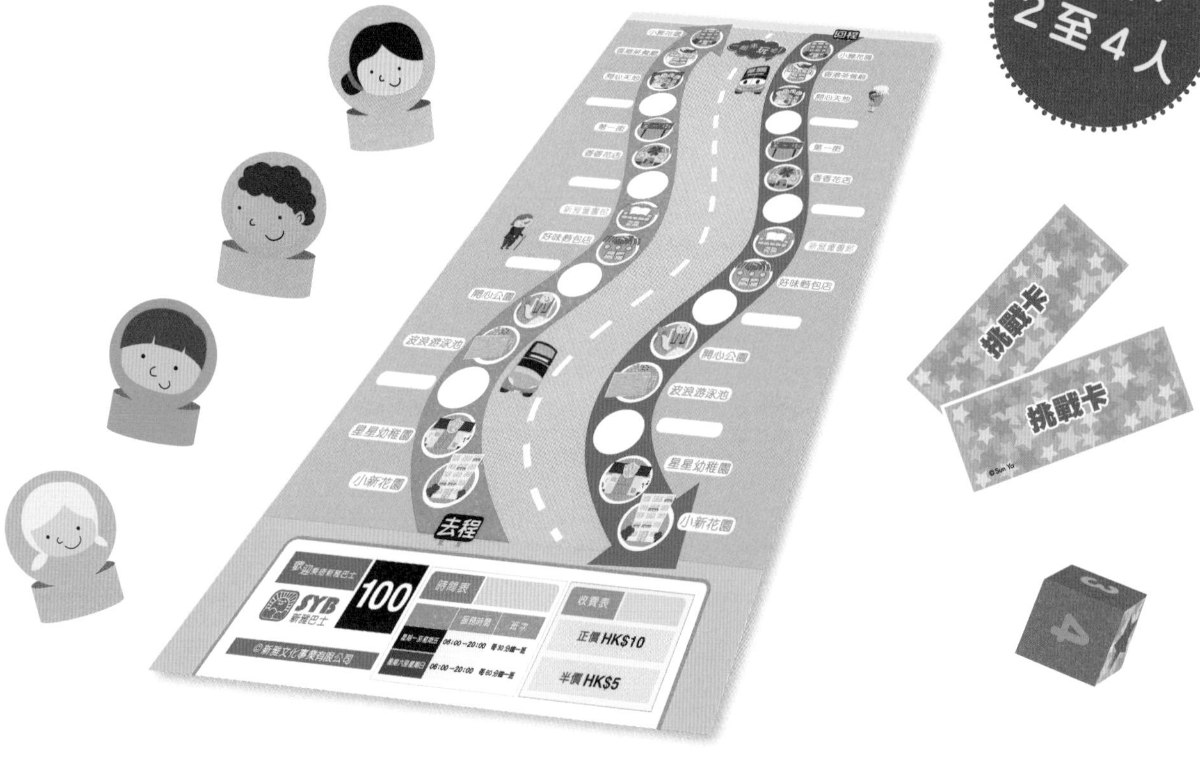

熱身

1 與孩子談談棋盤上巴士路線圖的基本資料，例如：

- 巴士公司的名稱：新雅巴士
- 巴士路線編號：100
- 車費：正價 HK$10、半價 HK$5

2 協助孩子認識棋盤上巴士路線圖的時間表，例如：

- 服務時間：星期一至星期五由上午 6 時至晚上 8 時、星期六至星期日由上午 6 時至晚上 8 時
- 班次：星期一至星期五，每 30 分鐘一班，即第一班車是上午 6 時開出、第二班車是上午 6 時 30 分開出，如此類推；星期六至星期日，每 60 分鐘一班，即第一班車是上午 6 時開出、第二班車是上午 7 時開出，如此類推。

3 與孩子設計棋盤上巴士路線圖的空白車站，可填上孩子認識或經常去的地方，並繪畫配合的圖畫。

玩法

1 **商議車站：**每局開始前，先商議上車車站和下車車站。遊戲初期可設定短途路線，後期可設定長途路線。

2 **設定前進規則：**如孩子年紀尚小，可簡單地按骰子的點數前進，即使投擲的點數超越下車車站，也算成功到達終點。如孩子玩了數次後或乘搭巴士的經驗較豐富，便可引入超越終點後要轉乘回程路線的規則。

3 **回答問題：**如投擲到 ★，便要抽取一張挑戰卡，並回答有關交通安全或乘車禮儀的問題。答對可再次擲骰子，答錯則罰停一次。

4 最先到達終點者便勝出。

挑戰卡答案

Q1 請說出其中一種行人過路設施。
斑馬線／行人燈號過路處／行人天橋／行人隧道。

Q2 行人在斑馬線踏出第一步前要做什麼？
要先讓馬路上的司機有足夠時間減速及停車。

Q3 當綠色行人燈號閃動時，行人路上的行人要怎樣做？
站在行人路上，不要橫過馬路。

Q4 乘客在巴士站候車時要注意什麼？
排隊候車先看清楚路線編號，避免排錯隊／預先準備好車費／任何合理的答案。

Q5 巴士路線資料盤有什麼用途？
供乘客查閱詳細的行車路線、車費或班次等資料。

Q6 四歲或以上的小朋友要支付多少車費？
半價車費。

Q7 巴士進站後，乘客從哪個車門上車呢？
上車閘門或前門。

Q8 巴士上有哪些位置不可站立？
巴士的上層／樓梯／上車閘門附近的黃線前／任何合理的答案。

Q9 巴士行車期間難免會搖晃，乘客應怎樣做呢？
時刻緊握扶手／避免在車廂內走動／任何合理的答案。

Q10 巴士行車期間，乘客可以和巴士車長說話嗎？
不可以。

Q11 請說出巴士上其中一種安全或緊急設施。
安全帶／敲碎玻璃手錘／緊急出口／任何合理的答案。

Q12 請說出其中一種在巴士上的車廂禮貌守則。
不要霸佔座位／不要踢或推前座的椅背／不要在車廂高聲說話或製造噪音／不要在車廂吵鬧或嬉戲／任何合理的答案。

Q13 請說出其中一種可優先使用巴士上關愛座的乘客。
長者／孕婦／傷健人士／帶同嬰幼兒的乘客。

Q14 請說出其中一種在巴士上的車廂清潔守則。
不要在車廂內進食／不要在車廂內剪指甲／不要在車廂內丟棄垃圾／不要踏在座椅上／不要塗污車廂／不要在車廂內吸煙／生病時要戴上口罩／任何合理的答案。

Q15 小朋友可以隨便按巴士上的下車按鈕嗎？
不可以。

Q16 巴士到站後，乘客從哪個車門下車呢？
下車閘門或後門。

*以上答案僅供參考。

骰子

請沿線撕下，並製成骰子。

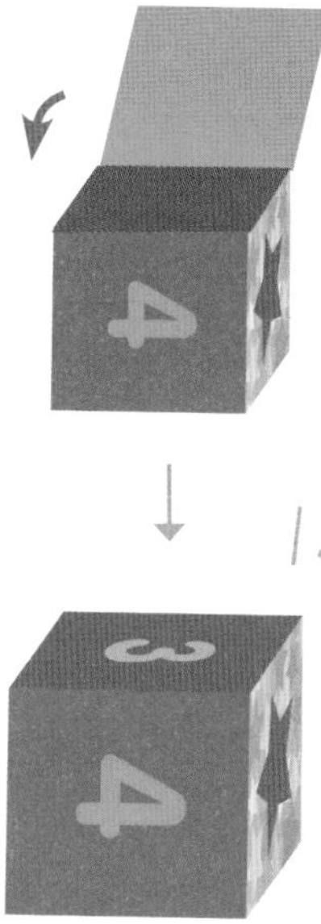
完成！

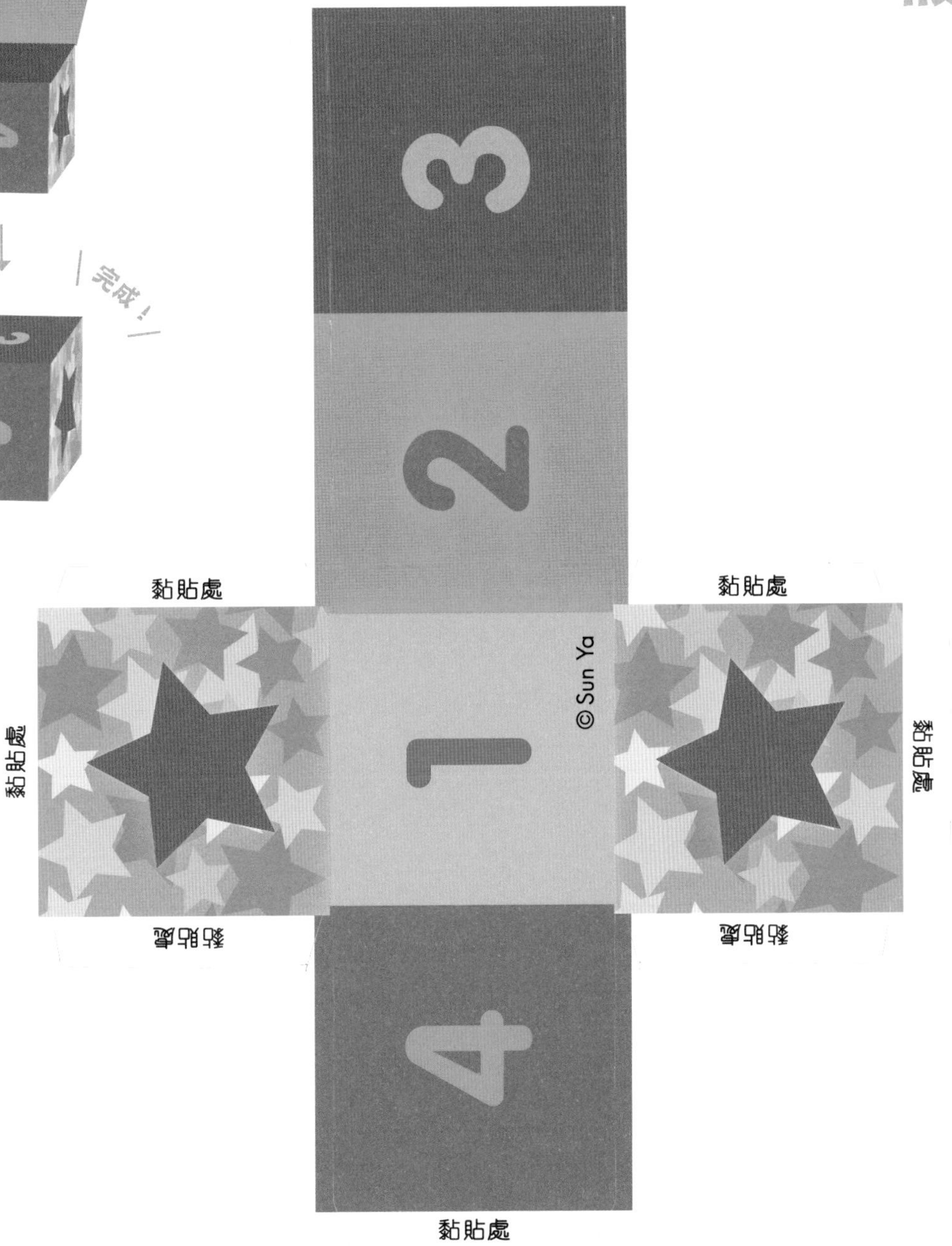
黏貼處
黏貼處
黏貼處
黏貼處
黏貼處
黏貼處
黏貼處
© Sun Ya

請沿線撕下，並製成棋子。

棋子

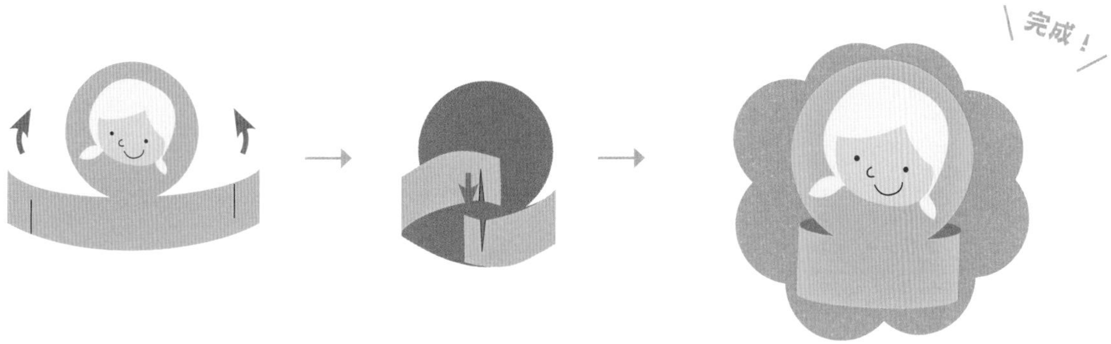
完成！

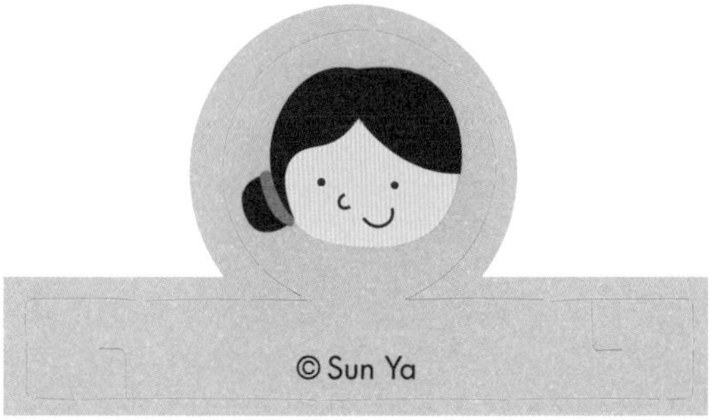
© Sun Ya

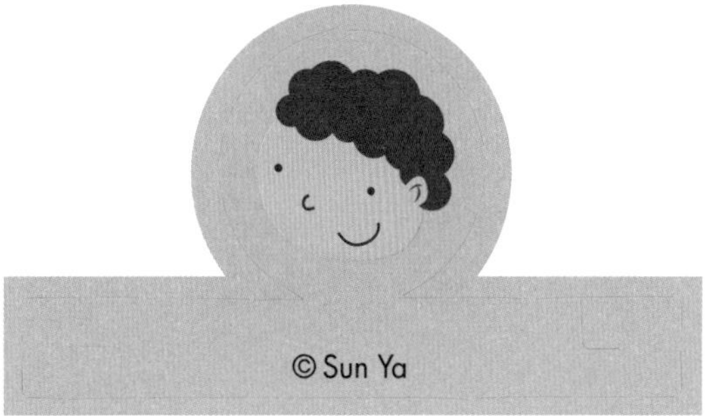
© Sun Ya

© Sun Ya

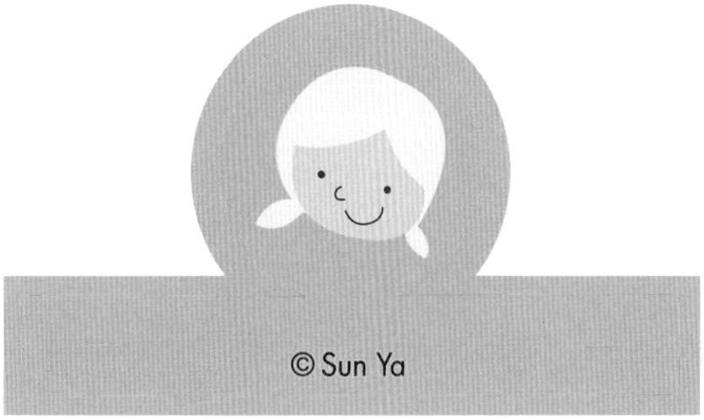
© Sun Ya

請沿線剪下，並摺成卡片。

Q1 請說出其中一種行人過路設施。

Q2 行人在斑馬線踏出第一步前要做什麼？

Q3 當綠色行人燈號閃動時，行人路上的行人要怎樣做？

Q4 乘客在巴士站候車時要注意什麼？

Q5 巴士路線資料盤有什麼用途？

Q6 四歲或以上的小朋友要支付多少車費？

Q7 巴士進站後，乘客從哪個車門上車呢？

Q8 巴士上有啊些位置不可站立？

挑戰卡

挑戰卡

© Sun Ya

挑戰卡

© Sun Ya

挑戰卡

© Sun Ya

挑戰卡

© Sun Ya

挑戰卡

© Sun Ya

挑戰卡

© Sun Ya

挑戰卡

© Sun Ya

請沿虛線剪下，並製成遊戲卡。

Q9 巴士行車期間難免會搖晃，乘客應怎樣做呢？

Q10 巴士行車期間，乘客可以和巴士車長說話嗎？

Q11 請說出巴士上其中一種安全或緊急設施。

Q12 請說出其中一種在巴士上的車廂禮貌守則。

Q13 請說出其中一種可優先使用巴士上關愛座的乘客。

Q14 請說出其中一種在巴士上的車廂清潔守則。

Q15 小朋友可以隨便按巴士上的下車按鈕嗎？

Q16 巴士到站後，乘客從哪個車門下車呢？

挑戰卡

挑戰卡

© Sun Ya

挑戰卡

© Sun Ya

挑戰卡

© Sun Ya

挑戰卡

© Sun Ya

挑戰卡

© Sun Ya

挑戰卡

© Sun Ya

挑戰卡

© Sun Ya

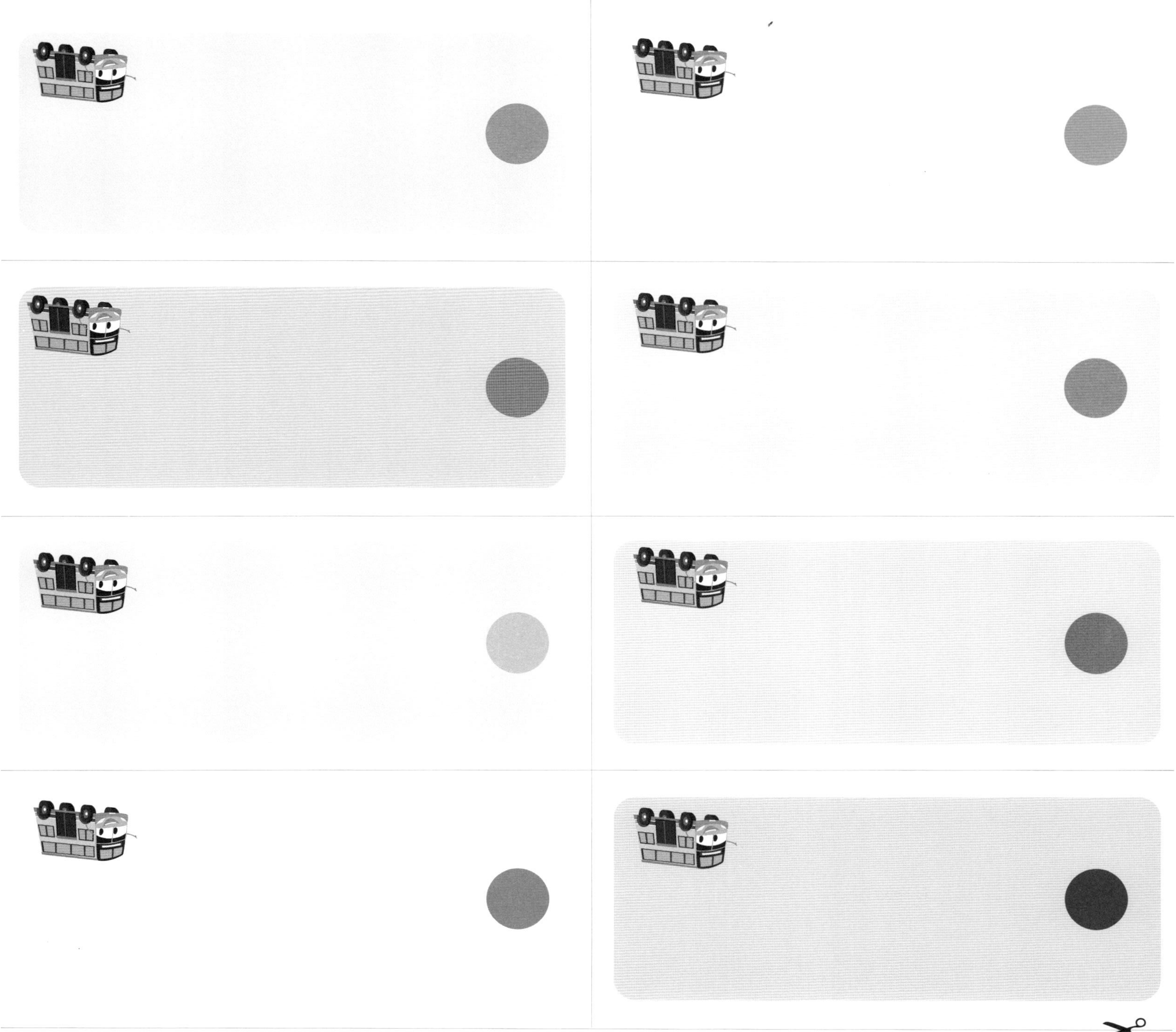

請使用這些空白的紙卡，寫出更多問題，然後沿線裁剪。

挑戰卡

挑戰卡

© Sun Ya

挑戰卡

© Sun Ya

挑戰卡

© Sun Ya

挑戰卡

© Sun Ya

挑戰卡

© Sun Ya

挑戰卡

© Sun Ya

挑戰卡

© Sun Ya